我的STEAM遊戲書

工程動手讀

ENGINEERING Scribble Book

本書裡的各項發現，由本人動手完成：

作者／艾迪‧雷諾茲 (EDDIE REYNOLDS)、達倫‧斯托巴特 (DARREN STOBBART)

繪者／佩卓‧邦恩 (PETRA BAAN)

設計／艾蜜莉‧巴登 (EMILY BARDEN)

翻譯／汪坤山

顧問／倫敦大學學院工程教育中心教授 夏儂‧查恩斯 (SHANNON CHANCE)

遠流

目錄

學會畫 3D 立體圖。

試著寫出讓機器人做蛋糕的程式。

設計能清除太空
垃圾的機器。

用紙來編織花樣
並測試強度。

設計高科技衣
物,保護雨林
中的探險家。

工程是什麼？

工程是利用**科學**和**科技**來解決問題，而且通常能改變世界。 工程可以是改善已經存在的技術，或是**發明**全新的技術。

幕後推手是各個領域的工程師……

機械工程師

設計與建造機器，比方說汽車、火車，甚至是讓室內溫暖的暖氣系統。

土木工程師

設計城市裡的各種建設，從橋樑到大樓、馬路到鐵路等。

航太工程師

設計和建造會飛的東西，像是飛機和太空火箭。

生醫工程師

把工程的點子應用在醫療，創造更有效率的治療方法，比方說設計與製造義肢。

電機工程師

設計與製造日常生活的電力系統。

電腦工程師

設計和製造電腦與相關零件，編寫讓電腦能運作的軟體。

無論是哪種工程師，都必須要能創意思考。

這本書裡有什麼？

大部分工程師會先在紙上寫下點子， 或畫出設計圖。 這本書裡有滿滿的點子， 讓你試著用和工程師一樣的方法來解決問題， 你可以……

設計　DESIGN

SOLVE
解決　問題　問題

BUILD　建造

Imagine
想像

發明　Invent

TEST
測試

你需要什麼？

想讀好這本書， 大多時候只需要這本書本身和一枝筆。有些地方可能會用到紙張、膠水或膠帶， 以及剪刀。

連結

如果想下載書裡的樣板， 請前往 ys.ylib.com/activity/STEAM/ENG/。 請大人幫忙列印，上網時也別忘了遵守線上安全的規則。

絕妙好點子！

人們會需要工程計畫，是因為有問題需要解決。

冰淇淋融化得太快

浴室淹水了

小狗滿身泥濘

車子亂七八糟

鬧鐘響了還是繼續睡

從上面選出你想解決的問題，或是自己想一個。

概念化

這個步驟可以幫助工程師發明各種解決方案。

請你試試下面這些概念化的技巧……

關鍵字接龍

寫下與問題有關的字詞，接著寫下每個關鍵字讓你想到的其他字詞，這樣做有機會激發你想出好點子。

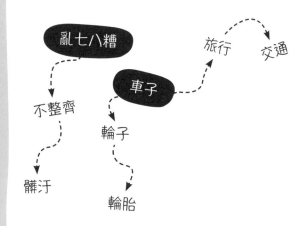

亂七八糟 → 旅行 → 交通

車子

不整齊

輪子

髒汙

輪胎

抽絲剝繭

試著把問題拆解成更小的部分，這個方法在科技領域叫做形態分析。

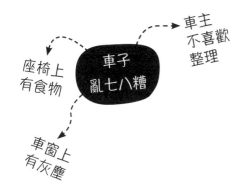

避免問題發生

你可以想到方法，一開始就阻止問題發生嗎？

使用可以伸縮的桌子吃東西？

可偵測灰塵並把它吹走的風扇？

解決問題

如果沒辦法預防問題，你可以發明在問題發生時的處理辦法嗎？

可自動清理的窗戶？

會噴灑去汙劑的掃地機器人？

改善解決方式

這個問題是不是早就有解決辦法了？
你可以動動腦，讓它們變得更好嗎？

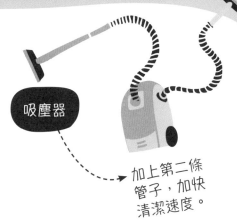

吸塵器

加上第二條管子，加快清潔速度。

你的傑作

把你所有的點子結合起來， 想出能解決問題的新發明， 把它畫在下面的空白處， 並簡單說明各個零件的功能。

```
┌─────────────────────────────────────────────────────────┐
│                                                           │
│   這項發明的名字： _____        │
│                                                           │
│   發明者的名字： _____        │
│                                                           │
│   想解決的問題是： _____        │
│                                                           │
└─────────────────────────────────────────────────────────┘
```

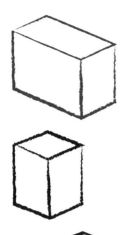

立體世界

工程師在蓋房子、橋樑或是製作螺絲之前，必須先知道這些產品未來的模樣。為了方便想像它們完成的樣子，工程師會畫出這些產品的立體圖。

所有設計圖幾乎都以長方體為基礎。

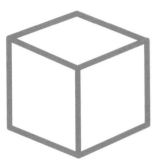

像這樣的方格紙非常適合用來畫長方體。

小試身手！

用鉛筆畫出各種長方體，然後把它們組合成更大的結構……

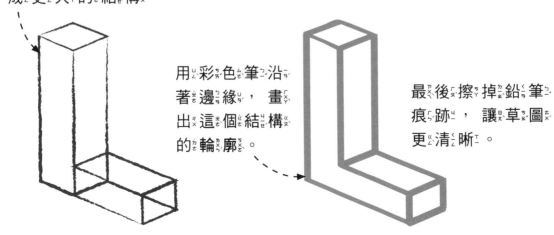

用彩色筆沿著邊緣，畫出這個結構的輪廓。

最後擦掉鉛筆痕跡，讓草圖更清晰。

畫出曲線

你可以用空心的長方體（又稱為框架）畫出完美的曲線。

框架

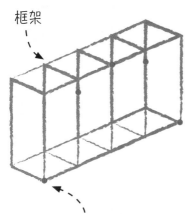

紅色圓點是曲線會經過框架的地方，可以幫助你畫出曲線。

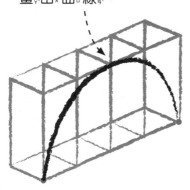

換你試試看！

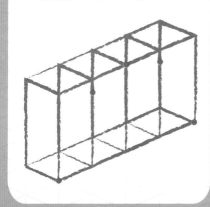

一些點子

畫一座長長的樓梯？

用你最喜歡的英文字母製作雕塑？

打造城市

運用你在前一頁學到的技巧，完成這項都市計畫。為這座城市加上立體的摩天大樓、橋樑、房屋和其他建築物。

記得畫上窗戶和門。

可以在屋頂加上一些設施……

屋頂停機坪

屋頂花園

在這個立體框架上畫出有兩個橋拱的橋樑。

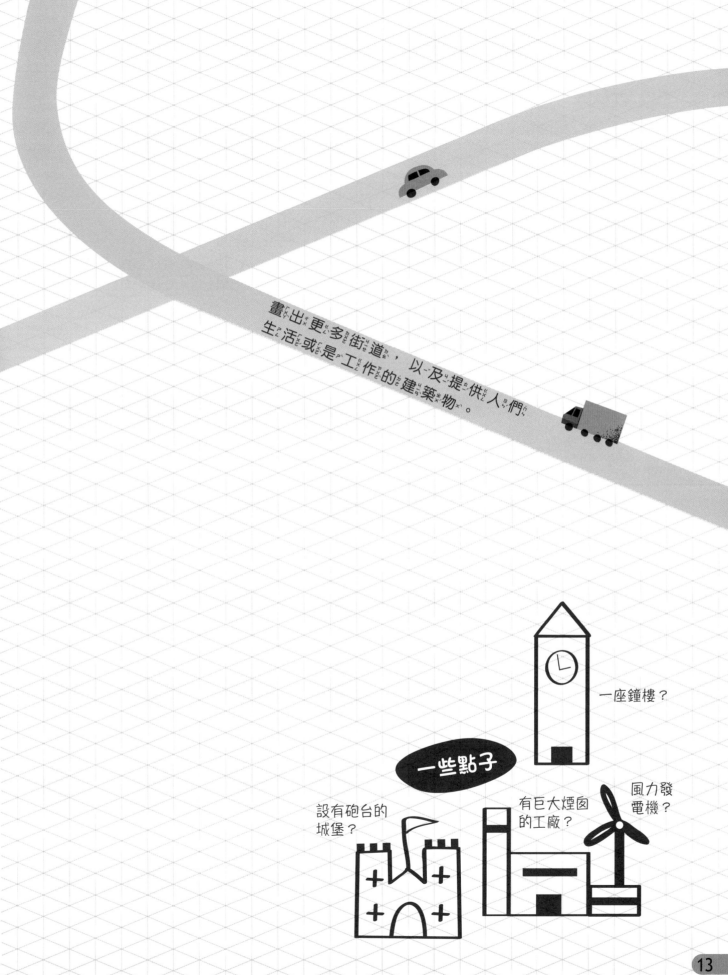

畫出更多街道，以及提供人們生活或是工作的建築物。

一座鐘樓？

一些點子

設有砲台的城堡？

有巨大煙囪的工廠？

風力發電機？

倒塌的柱子

建築物中的柱子，功能是要支撐建築物的重量，所以不能彎曲變形。

柱子承受的重量會分散到**邊緣**和**角落**。重量分散得愈平均，代表柱子愈堅固。

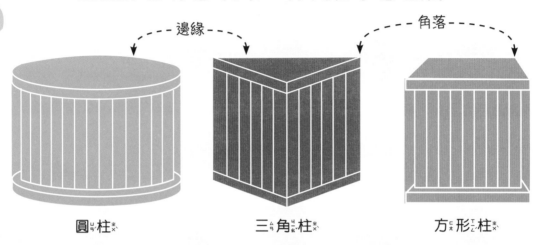

┈邊緣┈ ┈角落┈

圓柱　　　　　　　三角柱　　　　　　　方形柱

先猜猜看，哪種柱子最堅固？

建造柱子　　請影印右頁的樣板，或從 ys.ylib.com/activity/STEAM/ENG/ 下載，製作三種柱子。

可承受的書本數目

圓柱 _____

測試柱子　　把這本書平放在柱子上，再把類似大小的書一本接著一本放上去，直到柱子倒塌。哪種柱子能承受最多本書呢？

三角柱 _____

方形柱 _____

翻到第 76 頁，有詳細的說明。

14

黏貼此處

黏貼此處

黏貼此處

向內對摺

向內對摺

圓柱

（不用摺）

三角柱

（摺三次）

方形柱

（摺四次）

向內對摺

向內對摺

向內對摺

向內對摺

向內對摺

沿著黑色線剪下

沿著黑色線剪下

黏貼此處

黏貼此處

黏貼此處

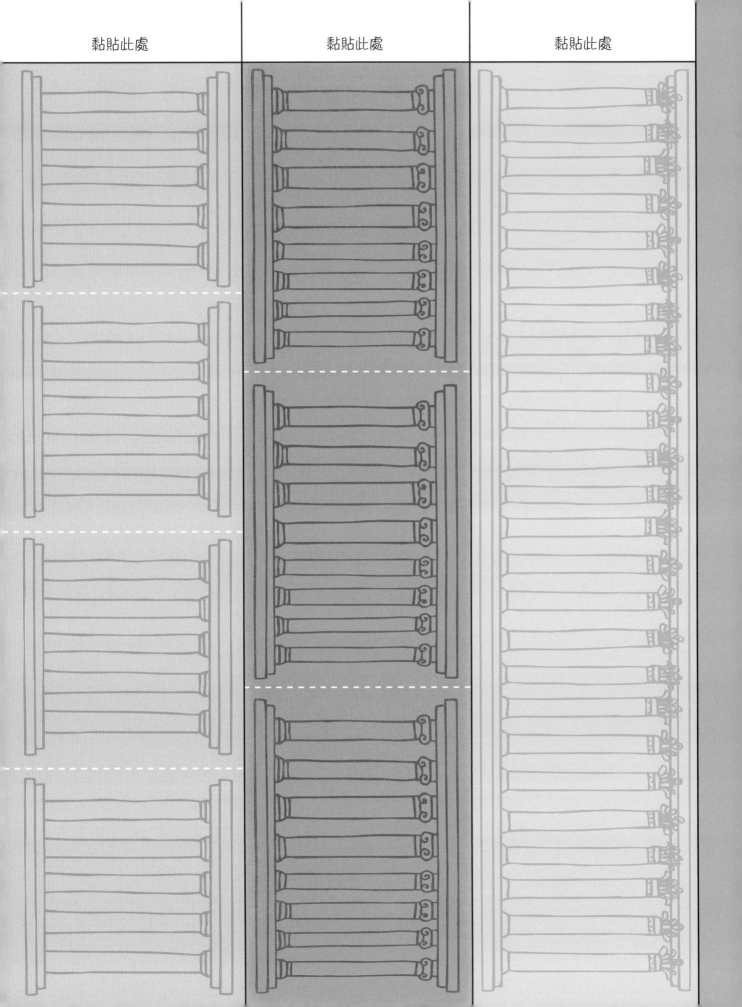

機器裡的齒輪

齒輪是邊緣有齒的輪子，可以連接機器的各個部分。當輪上的輪齒咬合，就能帶動其他齒輪運轉。

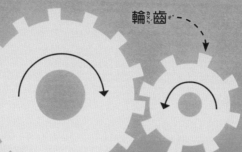

輪齒

兩個齒輪咬合在一起時，其中一個齒輪會順時針轉動，另一個會逆時針轉動。

齒輪愈大，輪齒的數目愈多，較小的齒輪要轉得比較快才能跟上大齒輪。

像工程師一樣思考：

最上面的齒輪要往哪個方向轉動，才能讓老鼠吃到起司？
順時針還是逆時針？

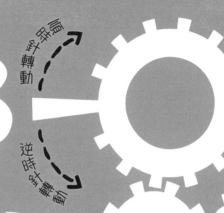

順時針轉動

逆時針轉動

吱…好想吃起司…

提示： 從最下層的齒輪開始，在輪上畫出箭頭，表示它會往哪個方向轉動。

答案請翻到第76頁。

噢，真是輕鬆！

這裡有六種簡單的機具能減少人們推、拉和提東西時花費的力氣，讓工程師工作的時候更省力。

機具是什麼？

機具就是替人類執行勞力工作的裝置或工具。

利用會動的輪子，搬東西就容易多了。

這根桿子叫輪軸，用來連接輪子。

滑輪讓你更容易抬起或放下東西。

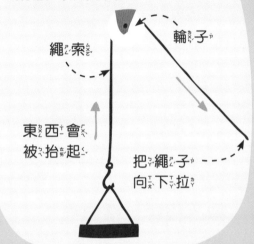

繩索

輪子

東西會被抬起

把繩子向下拉

槓桿會繞著支點擺動，藉此把東西抬起來。

從這裡往下壓

東西會被抬起

支點

斜面（又叫斜坡）讓你更容易把東西往上或往下移動。

從上面拉

從下面推

楔能把東西分開，或是固定。斧頭和門擋都是一種楔。

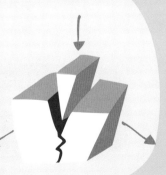

轉動螺絲可以穿過堅固的材料，把東西固定住；反方向轉動螺絲就能把它取出來。

請你為下面的情況畫出適合的簡單機具，幫助人們更快達成任務！

哪一種簡單機具能抬起這些香蕉，並且把香蕉移動到廂型車裡？

這個起重機必須把船吊離水面。

哪一種簡單的機具可以把這顆西瓜切一半？

選手跳起

如何讓穿條紋衣的體操選手著地時，另一名選手能同時往上？

選手落地

畫出穿條紋衣的體操選手著地時的情況。

爆炸的引擎

內燃機在19世紀就發明出來了，這種機器能把燃料轉化為動力。

汽車裡面的內燃機是這樣運作的：

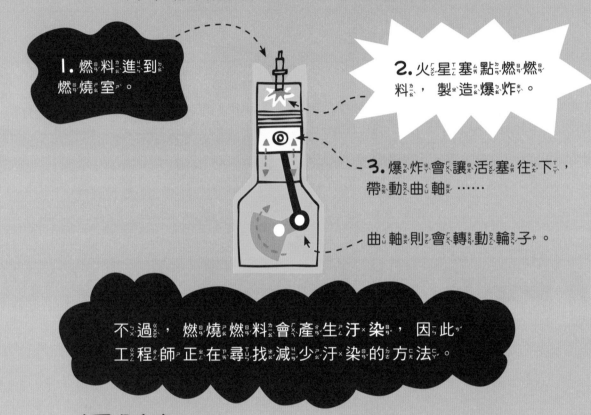

1. 燃料進到燃燒室。

2. 火星塞點燃燃料，製造爆炸。

3. 爆炸會讓活塞往下，帶動曲軸……

曲軸則會轉動輪子。

不過，燃燒燃料會產生汙染，因此工程師正在尋找減少汙染的方法。

油電混合車

這種車可能是解決辦法，它採用傳統引擎以及電動馬達，所以不用燃燒很多燃料，可以減少汙染。

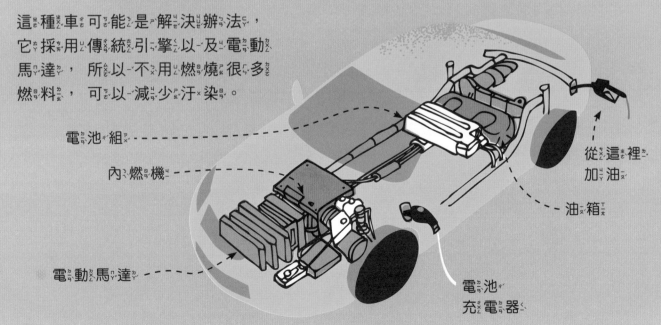

電池組

內燃機

電動馬達

從這裡加油

油箱

電池充電器

腦力激盪

你可以利用下面的空白，設計一輛結合傳統引擎與另一種動力來源的混合車嗎？可以參考下面的點子，或是自己想出其他新形態的動力。

風力發電機？

踩踏產生動力？

在跑步機上運動產生的能源？

建造橋樑

每次有車輛行駛在橋上，橋樑都會受到擠壓而彎曲——雖然你可能看不見。

發生了什麼事？

重量

車子的重量會往下造成壓縮和張力。

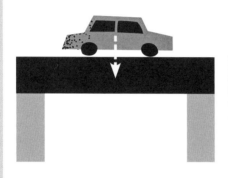

車子的重量愈重，產生的張力和壓縮的程度也愈大。

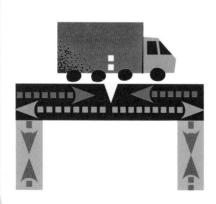

壓縮

橋樑上層會因為重量往內擠。

車子的重量會壓縮橋柱。

如果張力和壓縮的力量太大，橋樑就會……

垮掉

變形　斷裂

橋樑的每個部分能承受多少張力和壓縮都有極限，這叫做彈性極限。

張力

橋樑的底部會同時被往外拉。

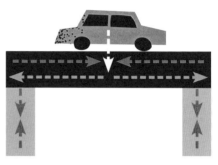

有些橋樑下方會增加柱子，加強支撐，分散重量的影響。

吊橋則是在上方有額外的支撐。

增加支撐能避免橋樑的任何部分達到彈性極限。

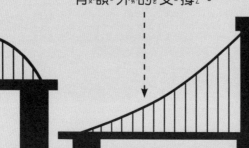

換你試試看

利用下面的樣板測試不同的紙橋設計。你可以影印這一頁，或是從 ys.ylib.com/activity/STEAM/ENG/ 下載。

翻到下一頁，記錄你的實驗結果。

實驗步驟：

1. 按照右圖示範，把橋樑樣板平放。在上面放硬幣或積木，一次放一個，直到橋垮掉。它能承載多少個物品？

2. 把樣板沿著白色虛線摺起，再試一次。這次能支撐多少個物品？

3. 將樣板上的黑色虛線也一一摺起，讓橋變成鋸齒狀。現在它能支撐多少物品？

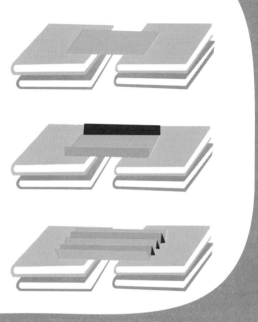

橋樑樣板

橋能承受多少個物品？

第1座橋 _   哪座橋最堅固？ 1 / 2 / 3

第2座橋 _   哪座橋最脆弱？ 1 / 2 / 3

第3座橋 _

翻到第 77 頁，看看作者有什麼發現。

人類蓋過最堅固的紙橋，是一名學生
為了學校物理課作業而做的。

這座橋由膠帶、
膠水和 90 張普通
紙張蓋成。

吼！

這座紙橋
可以支撐
480 公斤！

大約相當於
兩頭成年北
美灰熊。

水從哪裡來？

工程師必須找出方法，把來自大自然的水，運送到城市和住家。

如何讓水從下面各個水源地流向城市？ 每個水源的水都有適合的運送方式，請你畫出水管，把水源和運送方式連起來。

群山環繞

工程師要如何讓這座湖裡的水穿越山脈？

伏流

如何把地下水送往城市？

峽谷

怎麼讓水越過峽谷？

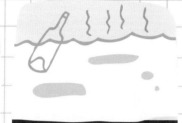

受到汙染的水如何讓它變乾淨呢？

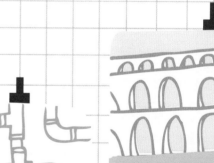

隧道和水管能輸送地下水。

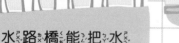

水路橋能把水送出深谷。

答案請翻到第 77 頁。

自來水廠有辦法讓人們喝到潔淨的水。

在某些城市，沖馬桶的水會進到自來水廠，經過處理變成飲用水之後，再送回住家。

一般來說水會往下流，但幫浦可以把水往上送。

打造月球基地

月球是探索太空的理想地點，不過人類要在月球上蓋基地，必須先克服一些問題，比方說……

來自太空的危險

待在月球表面，會面臨小行星襲擊和致命輻射線的危險。

解決方法：

把基地蓋在地底下，月球表面厚厚的岩石和灰塵能提供保護。

極熱與極冷

月球上一個白天的時間長度，相當於地球上兩個星期，晚上的長度也是地球上的兩週。月球的白天酷熱難耐，晚上則極為寒冷。

解決方法：

利用太陽能板蒐集能源，儲存在電池裡，用來提供電力給冷氣和暖氣系統。

空氣充滿灰塵

月球表面布滿了粉塵，可能會破壞設備。

解決方法：

月球粉塵含有大量的鐵，而鐵會受磁鐵吸引。太空人回到基地之前，可以先用磁鐵移除沾在太空裝上面的粉塵。

利用下面的空白，設計你的地底月球基地。
想想看，基地裡面會需要哪些設備？

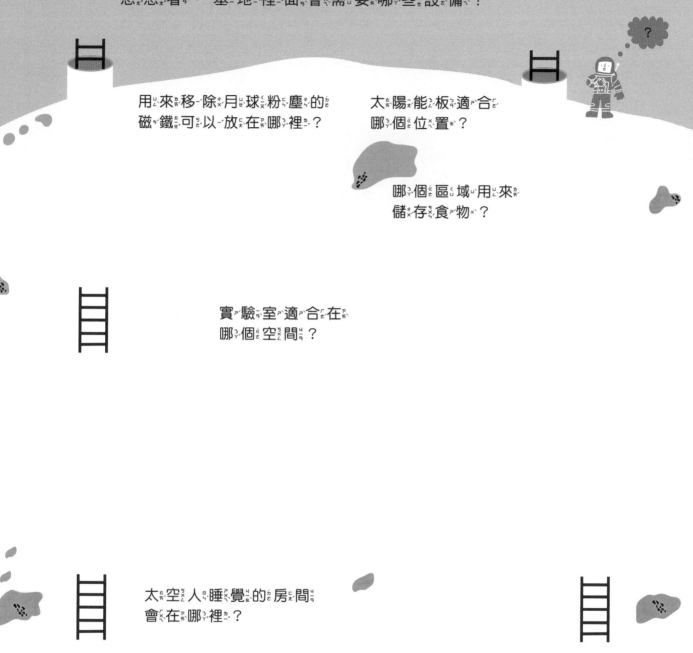

用來移除月球粉塵的
磁鐵可以放在哪裡？

太陽能板適合
哪個位置？

哪個區域用來
儲存食物？

實驗室適合在
哪個空間？

太空人睡覺的房間
會在哪裡？

大自然的啟發

工程師有時候會從大自然得到靈感，找到有創意的方法來解決問題。

自然生物	新發明

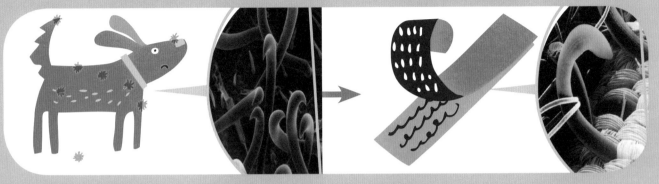

牛蒡的種子上有小鉤子，動物經過時，種子會鉤在牠們的毛皮上。

這是魔鬼氈的靈感來源，如今全世界的人都用它來固定東西。

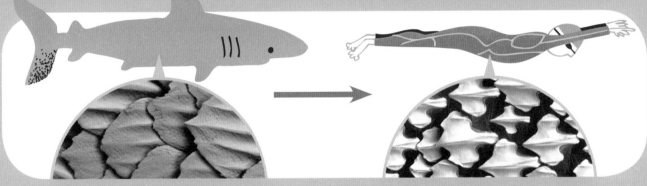

鯊魚皮上的細小鱗片，可以降低海水的阻力。

這催生了帶有鱗片的泳裝，但是效果實在太好了，後來遭到奧運禁用。

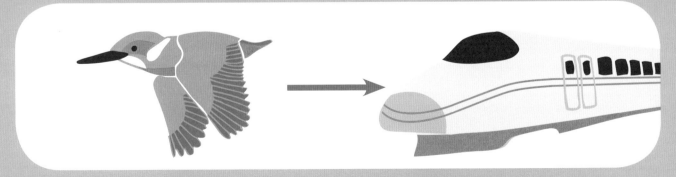

翠鳥的鳥喙形狀讓牠的飛行更加平順。

日本工程師設計高速「子彈」列車的前端時，就模仿了這種形狀。

你可以從大自然尋找靈感，發明讓臥室變整齊的裝置嗎？旁邊有一些給你參考的點子。

變色龍的舌頭會黏東西……

用類似的裝置來收拾散落的物品？

蝙蝠會在黑暗中發出聲音，讓自己能找到獵物……

用類似方法來尋找掉在床底下的東西？

仙人掌的尖刺……

或許可以用在某樣裝置上，蒐集脫下來的襪子？

海底探測器

工程師會為探索海底的機器人撰寫程式。

機器人若沒有一套詳細的指令，
什麼事也做不了。

指令就是命令機
器人去做某件事
的程式……

加速　　　　左轉　　　　撿起物品

利用左邊的指令符號，為這張圖裡的機器人撰寫程式，讓它
游到海蝕洞裡的貝殼上方。把指令寫在最下面的空格裡。

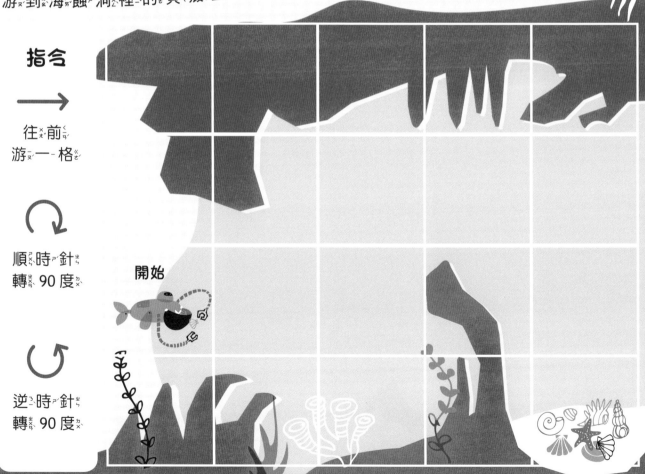

指令

→

往前
游一格

↻

順時針
轉 90 度

↺

逆時針
轉 90 度

開始

程式：

答案請翻到第 77 頁。

決策是問機器人問題，要它回答是或否。

繼續往前

是！

路徑
是否安全？

否！

停下來

軟體工程師會寫成
這樣的指令……

若路徑安全，
則繼續往前。

否則停住。

回答
「是」

回答
「否」

動手畫出你想蒐集的貝殼，然後在下面
的黃色方格裡填入指令，幫助機器人從
洞穴裡找出這種貝殼。

例如……

若貝殼是
白色的，
就把它蒐
集起來。

否則不要
撿起。

這個指令會
讓機器人只
蒐集白色的
貝殼。

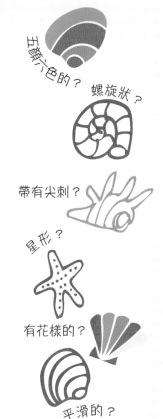

五顏六色的？

螺旋狀？

帶有尖刺？

星形？

有花樣的？

平滑的？

顏色指令

若貝殼是

＿＿＿＿＿＿＿＿，

就把它蒐集起來。

否則不要撿起。

質地指令

若貝殼是

＿＿＿＿＿＿＿＿，

就把它蒐集起來。

否則不要撿起。

形狀指令

若貝殼是

＿＿＿＿＿＿＿＿，

就把它蒐集起來。

否則不要撿起。

甜點機器人

軟體工程師寫程式的時候，偶爾會犯錯。程式中的錯誤又稱為臭蟲，而修正錯誤的步驟稱為除錯。

下面這套程式是為蛋糕工廠裡的機器人寫的，告訴它如何製作有星星圖案的巧克力蛋糕。

程式：

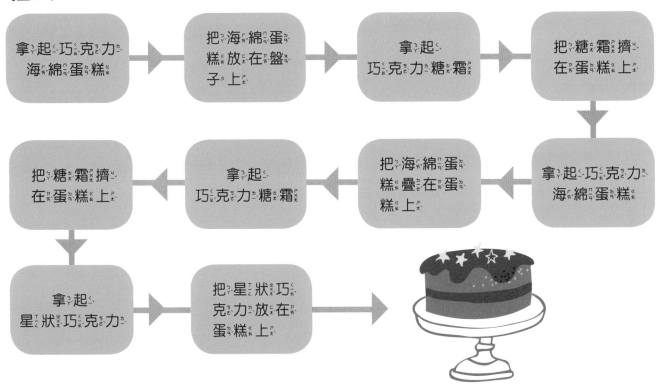

只要程式裡出現臭蟲，機器人就會做出奇怪的蛋糕……

這裡有一個程式， 能讓機器人在原味海綿蛋糕中間， 加入果醬和奶油， 並用莓果裝飾蛋糕。

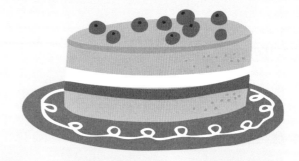

程式：

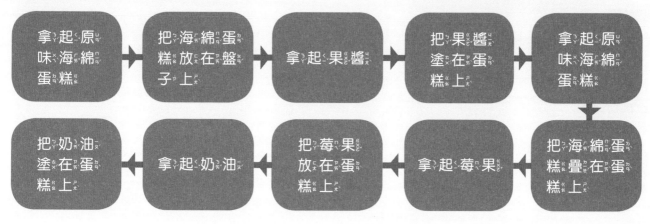

| 拿起原味海綿蛋糕 | → | 把海綿蛋糕放在盤子上 | → | 拿起果醬 | → | 把果醬塗在蛋糕上 | → | 拿起原味海綿蛋糕 |
| 把奶油塗在蛋糕上 | ← | 拿起奶油 | ← | 把莓果放在蛋糕上 | ← | 拿起莓果 | ← | 把海綿蛋糕疊在蛋糕上 |

但可惜的是， 上面這個程式出了一些差錯……

測試：

按照上面這個程式， 一步步完成蛋糕， 並在空白處畫出來。

把你認為出錯的地方標示出來。

除錯： 把修正後的程式填入空格。

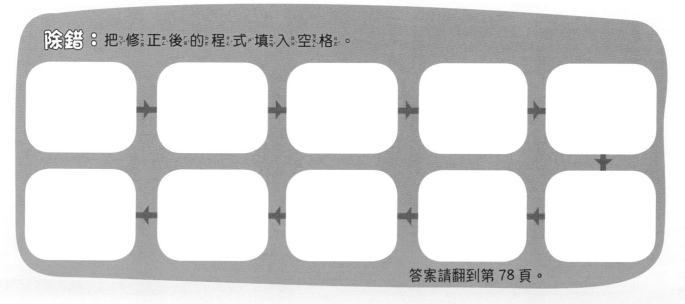

答案請翻到第 78 頁。

換你試試看

想像一下，你想製作什麼樣的蛋糕？
把蛋糕畫出來，然後寫出專屬程式，
讓機器人製作出你設計的蛋糕。

蛋糕的名字：_____

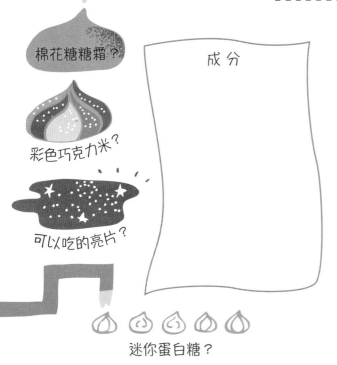

棉花糖糖霜？

彩色巧克力米？

可以吃的亮片？

迷你蛋白糖？

成分

程式：

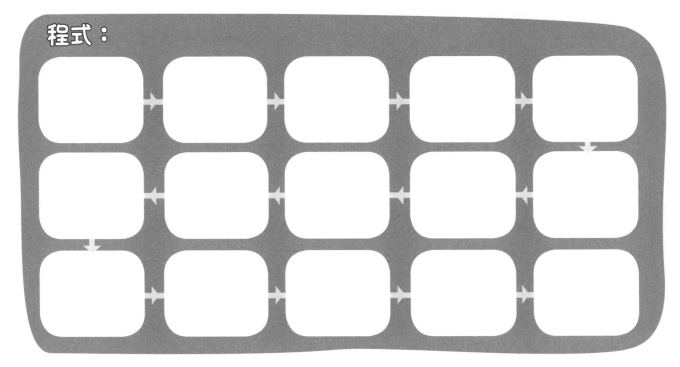

留在原地！

一般來說東西會保持不動， 除非你推它一把。
比方說放在桌上的馬克杯不會自己移動， 這就
叫做慣性。

我們可以用簡單的實驗來證明慣性：
剪一張長約 20 公分、 寬 5 公分的紙條， 再
準備一個口紅膠， 或是類似大小、 重量，
而且不易破碎的東西。

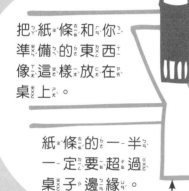

把紙條和你
準備的東西
像這樣放在
桌上。

紙條的一半
一定要超過
桌子邊緣。

盡量用最快
的速度拉動
紙條。

多嘗試
幾次。

發生了什麼事？

你應該會發現， 拉扯的動作
相當快時， 口紅膠不會隨著
紙移動， 反而會因為慣性而
留在原地。

物體愈重，
慣性愈大，
要推動它也
愈困難。

土木工程師蓋房子時會考慮慣性，
這樣即使有強風或地震這類的外在
力量， 建築物依然穩若泰山。

地震偵測器

如何測量地震的強度？

地震來自地底某個位置，那個地方叫做震源。

能量往各個方向擴散，產生震波。

震波讓地面搖晃。

數個世紀以來，工程師製作了許多機器，想要測量地震搖晃的強度……

1783 年，義大利科學家比納把一個裝有指針的巨大石頭掛在天花板上。

地面搖晃時，石頭（或叫做擺垂）相對來說是靜止的。

因此指針會在沙子上留下地面移動的痕跡。

結果會畫出像這樣的圖案。

長的線條代表比較強烈的地震，因為地面搖晃的程度比較大。

在空白處畫出輕微地震和強烈地震會產生的圖案。

1880年，美國科學家尤英發明一種裝置，叫做水平擺式地震儀。

它能顯示地震強度隨著時間的變化。

擺垂掛在特製的架子下方，因此地面搖晃時它可以保持完全靜止。

指示器會在旋轉的玻璃板上記錄地面的移動痕跡。

結果畫出像這樣的圖形……

請你依照提示，完成地震圖形。

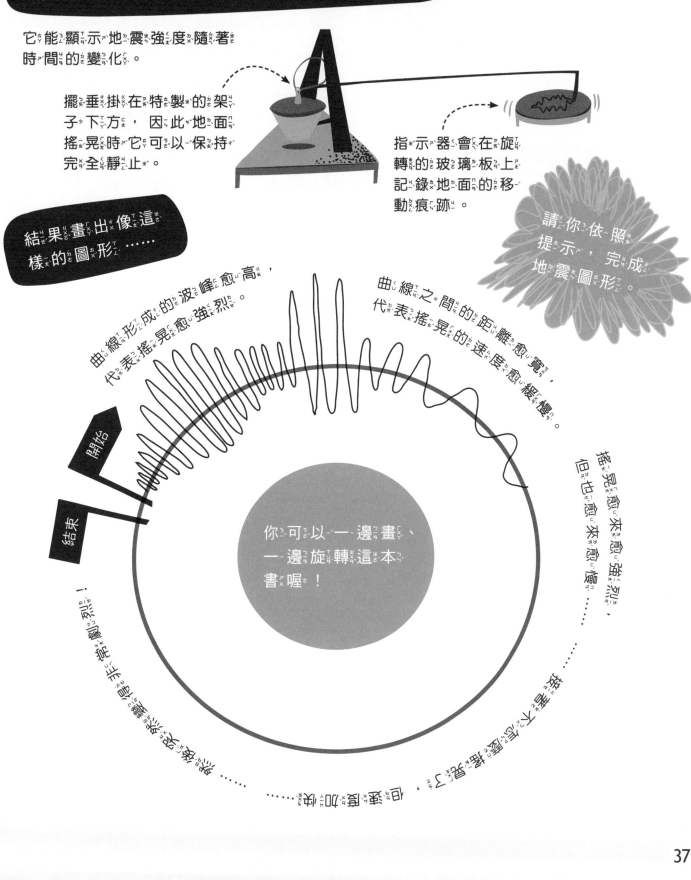

曲線形成的波峰愈高，代表搖晃愈強烈。

曲線之間的距離愈寬，代表搖晃的速度愈緩慢。

開始

結束

你可以一邊畫、一邊旋轉這本書喔！

搖晃愈來愈強烈，但也愈來愈慢。

臉孔辨識

軟體工程師可以寫程式，讓電腦辨認臉孔。這項技術能幫助警察破案。

電腦從犯罪現場的照片中找到一張臉孔。

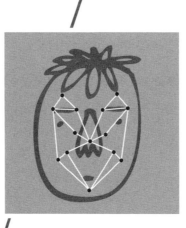

然後找出臉孔上特定的點，並把它們連起來，形成網格。

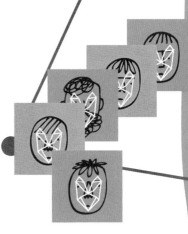

利用網格，可將犯罪現場的臉孔與資料庫裡嫌犯的臉孔做比對。

人臉就像指紋一樣，都是獨一無二的，所以如果有任何網格相同，就證明了嫌犯當時在犯罪現場。

揪出壞人

偵探得到了犯罪現場的監視器畫面。畫面中強盜的臉很模糊，但電腦還是能辨識，並產出右圖的網格。

請你量一量這些線條，然後利用這些資訊揪出壞人。

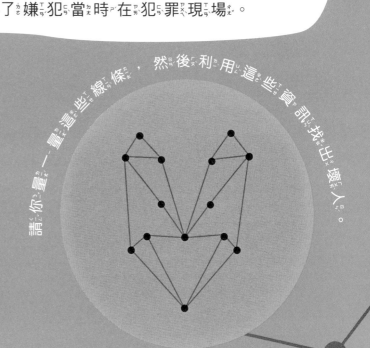

把每個嫌犯臉上的點連起來，然後測量這些線條。你可以找到和左頁一樣的網格嗎？

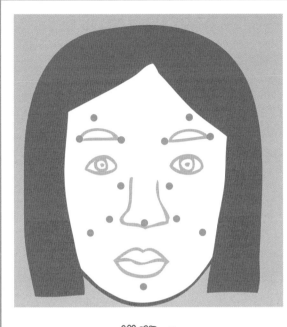

嫌犯 A

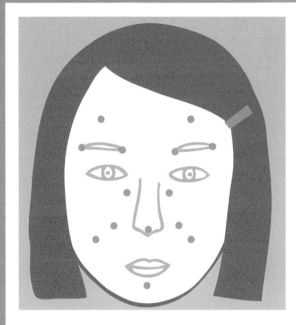

嫌犯 B

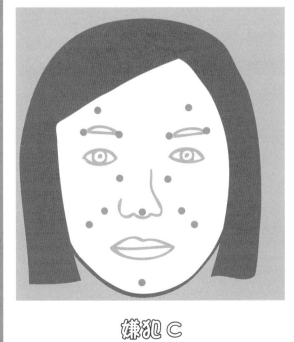

嫌犯 C

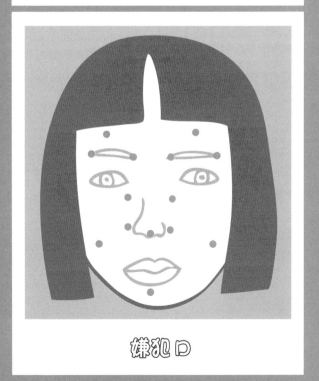

嫌犯 D

誰是強盜？_____

答案請翻到第 78 頁。

太空垃圾

繞著地球飛行的人造碎片又稱為
太空垃圾，包括……

衛星破損產生
的大塊零件。

用過的火箭
助推器。

太空人掉的
太空手套。

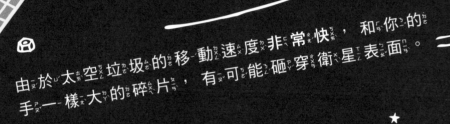

由於太空垃圾的移動速度非常快，和你的
手一樣大的碎片，有可能砸穿衛星表面。

太空工程師正在製作清理太空垃圾的
機器模型，下面是他們的點子。

清理太空一號

光學感測器可以
找出垃圾。

巨大的網子可以
打開或收起，用
來捕捉垃圾。

彈弓衛星

伸縮機器手臂可
以把垃圾捕捉進
籃子裡。

然後把垃圾扔
向地球，讓垃
圾在經過地球
大氣時燒掉。

扔出垃圾的力量
會把彈弓衛星推
往下一個垃圾的
位置。

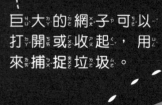

地球大氣

可惜，這些點子目前都進行得不太順利。你想得到其他辦法嗎？把你的點子畫在下面。

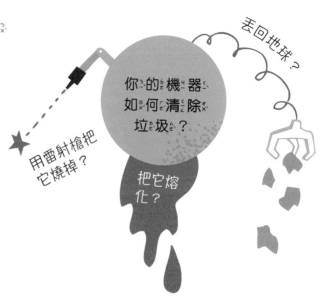

你的機器如何清除垃圾？

用雷射槍把它燒掉？

丟回地球？

把它熔化？

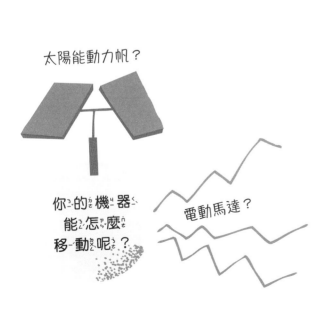

太陽能動力帆？

你的機器能怎麼移動呢？

電動馬達？

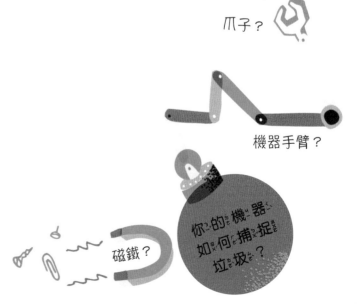

爪子？

機器手臂？

磁鐵？

你的機器如何捕捉垃圾？

刺激的雲霄飛車

感謝工程師的妙點子，讓雲霄飛車不需要引擎就能運作！

起點

升降機把雲霄飛車帶到第一個高處，然後讓車子滑落。在這之後，讓車子繼續移動的動能量⋯⋯有兩種⋯⋯

位能

是一種諸存起來的能量。車子在愈高的地方，具有的位能愈多。

動能

車子移動時所具有的能量。

車子衝下坡時，位能會轉變為動能。

當車子往上跑時，動能會再次轉變為位能。

但車子會因摩擦漸漸損失能量，沒辦法永遠恣意亂動⋯⋯

當車輪跟軌道產生摩擦，車子會因摩擦力而損失動能，使動能轉化為熱能和聲音。

熱

聲音

車子會漸漸損失能量，因此軌道的坡度得慢慢變平緩，車子才能慢慢抵達終點。

終點

設計你的靈雲飛車

如果你想在半
路加入比較陡
的坡，也可以
使用升降機。

你設計的坡度和度週圈必須
愈來愈小，這樣雲霄飛車
才有辦法到達終點。

坡度愈陡、愈長，
能讓雲霄飛車獲得
愈多動能。

資訊快遞

超過兩臺電腦連結在一起，就會形成網路。世界上最大的網路是網際網路，全世界的電腦都能透過它分享資訊。

電腦要傳送資訊（又叫數據）時，會先將它們分成好幾個部分，稱為封包。

路由器這種裝置會將封包經由網路傳送出去。

伺服器 A

伺服器則會處理封包，弄清楚它們要送到哪裡。

一個封包可以有好幾種傳送路線。

如果一部分的網路受損或關閉……

伺服器 B

路由器會找出替代路線。

另一臺伺服器把封包送往接收的電腦。

當資料封包抵達接收電腦，這些資料會組合回原本的樣子，資訊就能共享了。

維護電腦網路是網路工程師的工作。

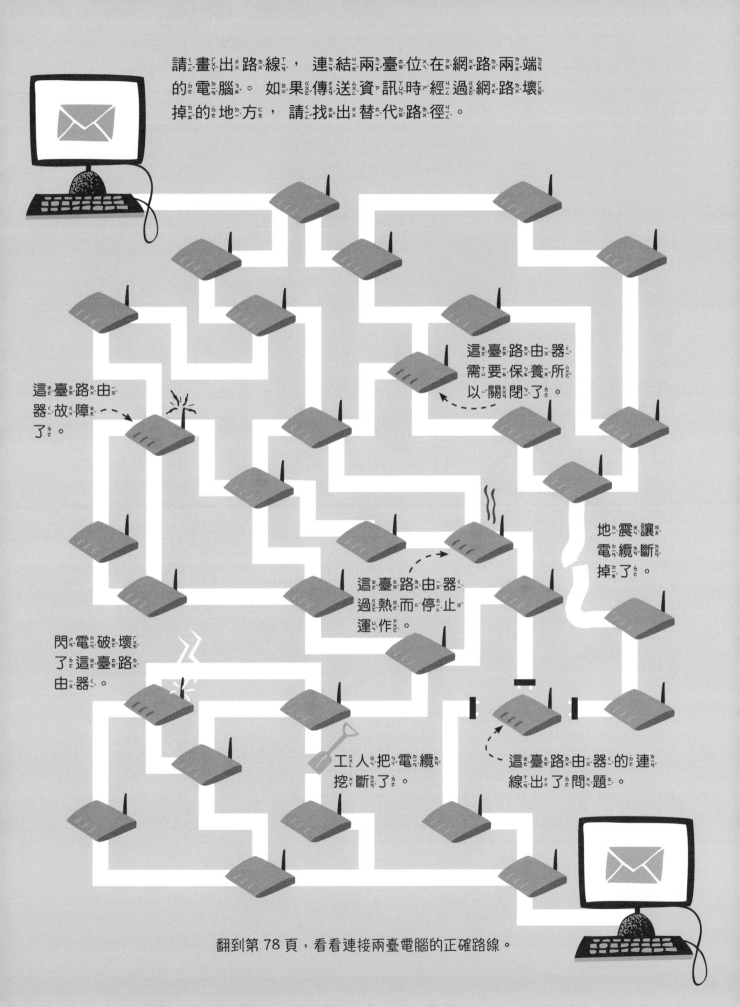

請畫出路線，連結兩臺位在網路兩端的電腦。如果傳送資訊時經過網路壞掉的地方，請找出替代路徑。

這臺路由器需要保養所以關閉了。

這臺路由器故障了。

地震讓電纜斷掉了。

這臺路由器過熱而停止運作。

閃電破壞了這臺路由器。

工人把電纜挖斷了。

這臺路由器的連線出了問題。

翻到第 78 頁，看看連接兩臺電腦的正確路線。

編織工藝

紡織工程師設計織布機，並研發新的紡織材料。透過下面的動手做，你也可以成為紡織工程師。

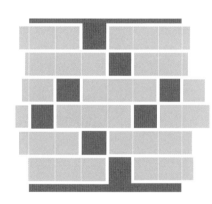

布料主要由兩個部分組成：經線和緯線。

改變緯線的紋路就能改變布料的花樣。

經線
縱向延伸的紗線。

緯線
穿插在經線之間的紗線。

換你動手做

把右頁的樣板影印下來，或從 ys.ylib.com/activity/STEAM/ENG/ 下載。

依照說明剪下紙條，編出右邊的花樣。

平織　　　　緞織

觀察看看！

哪種織法比較有彈性？哪種織法比較堅固？

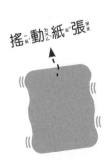

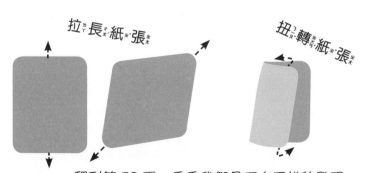

搖動紙張　　　拉長紙張　　　扭轉紙張

翻到第 78 頁，看看我們是否有同樣的發現！

緯線	1	2	3	4	5	6

剪下 6 張
紙條

製作經線

沿著黑色實線剪下色塊， 然後沿著
白色虛線摺疊。 不要攤開， 直接沿
著白色實線剪開（ 不要剪到底）。
把紙片打開後， 開始編織。

平織用的經線

沿著
虛線
摺疊

在摺疊
的狀態
下剪開
白線

緞織用的經線

沿著
虛線
摺疊

在摺疊
的狀態
下剪開
白線

緯線	1	2	3	4	5	6

剪下 6 張
紙條

繪製 地形圖

利用無人機調查未來想要蓋房子的土地。

無人機

攝影機

測量高度的感測器。

高度 (公尺)

高度 0 就是海平面。

調查後會得到這樣的影像：

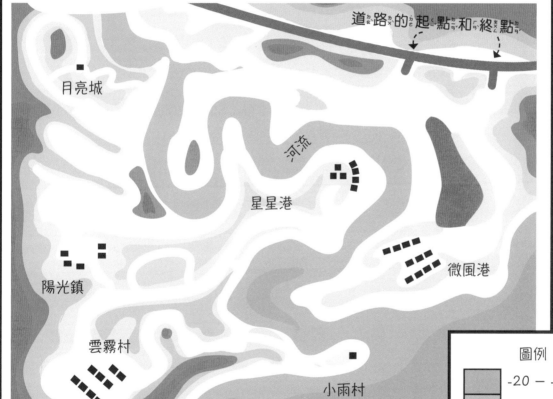

道路的起點和終點

月亮城

河流

星星港

微風港

陽光鎮

雲霧村

小雨村

負數表示那個地點比海平面還要低。

圖例	
	-20 － -11 公尺
	-10 － -1 公尺
	0 － 9 公尺
	10 － 19 公尺
	20 － 29 公尺
	30 － 39 公尺
	40 － 49 公尺
	50 － 59 公尺
	60+ 公尺

工程師想規劃一條新的道路，連結地圖上所有村莊。 這條路必須蓋在海平面上方 10 ～ 19 公尺， 因為其他高度的地形太陡峭了。

請你規劃可能的路線， 如果需要跨越河流， 可以加上橋樑。

人造肢體

生醫工程師設計的義肢，可以取代人們因為意外或疾病失去的肢體，每隻義肢都是量身訂做的。

設計義肢

沿著你的下手臂和手掌畫出輪廓，看看下面的組件要放哪裡。

電極

可接收來自大腦的電子訊號。

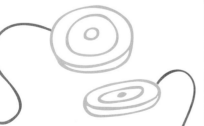

這些訊號帶有指令，像是「轉動手腕」或「彎曲手指」。

套筒

義肢與穿戴者手臂接觸的部分。

柔軟的內襯可保護皮膚。

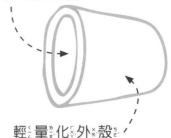

輕量化外殼（通常是塑膠）。

控制元件

用來傳送訊號給馬達，讓義肢做動作。

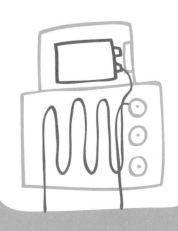

義肢的內部
看起來可能
像這樣。

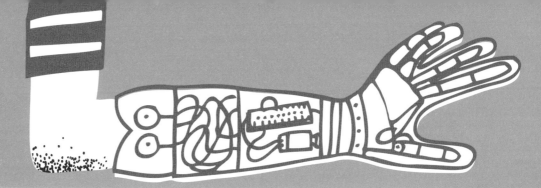

手部組件

手腕和手指馬達：
讓手腕能扭轉、
活動，手指能
伸直、彎曲。

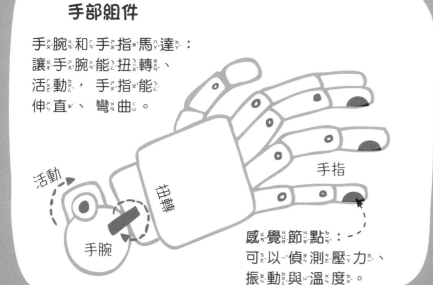

活動

扭轉

手指

手腕

感覺節點：
可以偵測壓力、
振動與溫度。

你還想到哪些
特殊組件呢？

掌形觸控式
螢幕？

發光的
指尖？

鋼鐵人運動會

有一一種特別的運動會叫做輔助科技競技賽， 目
的是給生物醫學科學和機器人科學工程師測試
他們設計的產品， 看能不能讓有肢體
障礙的人生活變得更輕鬆。

你可以想出一些發明，
幫助無法行走的參賽者
克服下面三項挑戰嗎？

爬樓梯

如果參賽者坐在普通輪椅上， 不可能
爬上樓梯， 那麼可以怎麼做呢？

改造輪椅？

穿上機器人裝？

安裝防滑
履帶？

這種裝備稱為
動力外骨骼。

穿越崎嶇地形

輪椅經過凹凸不平的地面，會不容易前進，乘坐的人也會感到不太舒服，那麼可以……

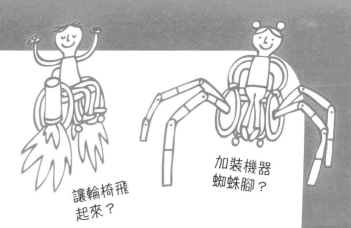

讓輪椅飛起來？

加裝機器蜘蛛腳？

從椅子上站起來

如果要幫助參賽者移動他的腿，或是站起來，可以……

用黏在牆壁上的吸盤，把他拉起來？

透過大腦訊號控制雙腿義肢？

這需要用到腦機介面這種裝置。

安全降落

把太空船送到另一顆星球是很困難的任務，更大的挑戰是，工程師必須找到方法，讓太空船安全降落。

工程師使用了好幾種技術把好奇號探測車送上火星……

登陸器 --->

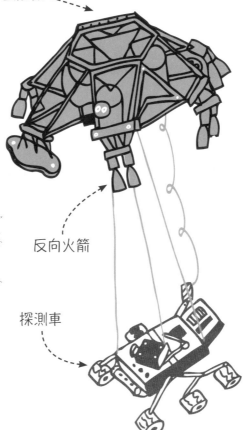

反向火箭

探測車

1. 要降落必須使用降落傘，這個過程需要空氣阻力，但火星上的空氣非常稀薄……

2. 所以工程師使用反向火箭。反向火箭會向下噴射，讓登陸器下降的速度不會太快。

比較小的探測車會使用巨大的氣囊緩和降落過程。這種氣囊稱為「位移袋」。

好奇號的重量高達 900 公斤，比一頭成年北極熊還要重。

彈跳

3. 等到距離地面夠近時，登陸器慢慢把探測車放下。

4. 接著登陸器飛向一旁，在 650 公尺外的地方墜毀。

登陸器降落得太快了！

為了讓它慢下來，請你幫它加上能減緩速度的工具，並且畫在下面。可以使用降落傘、反向火箭或位移袋，也可以想想看有沒有其他方法？

一些點子

加上機翼，讓它滑翔降落？

掉在自動充氣的氣墊上？

利用彈簧提供彈力？

加上氣球，讓它慢慢飄下來？

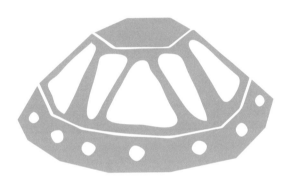

穿戴式科技

讓衣物具有科技功能的技術就叫做穿戴式科技。

下面這些穿戴式科技能評估滑雪者
的表現，並且保障他們的安全。

護目鏡

眼鏡上具有螢幕，可利
用衛星訊號提供滑雪者
即時資訊，比方說……

跳躍高度與
空中停留
時間

速度與
海拔

地點

手套

內建加熱器與
按鈕，能控制
溫度。

手錶

記錄滑雪者
的心跳。

背包

遇到雪崩時可以立刻
充氣，讓滑雪者不會
被雪淹沒。

請你試著發明穿戴式科技，保護雨林中的探險家，讓他們可以安然度過下面的危險情況，或其他你想到的險境。

下面的點子能給你靈感。

尋求外界救援

被有毒的昆蟲叮咬

迷路（最容易發生在植物茂密的地方）

可發射照明彈的背包，讓別人知道你的位置？

內建感測器，偵測停在身上的昆蟲？

自動驅蟲噴霧？

利用衛星訊號導航的皮帶？

向左轉

別讓高樓倒下

你覺得哪種紙建築比較容易被強風吹倒呢？

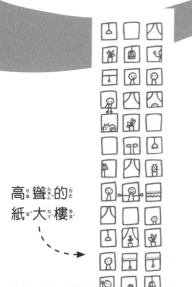

高聳的
紙大樓

小型
紙平房

寫下你的答案：

動手做實驗，看看你有沒有猜對！

蓋房子

把右頁的樣板影印下來，或從
ys.ylib.com/activity/STEAM/ENG/ 下載，
依照說明摺疊紙張，並把模型
屋黏起來。

測試

把兩個模型屋並排放在一
起，然後把這本書當成扇
子，對著它們搧風，直到
其中一棟房子倒下。

哪棟房子先倒下？

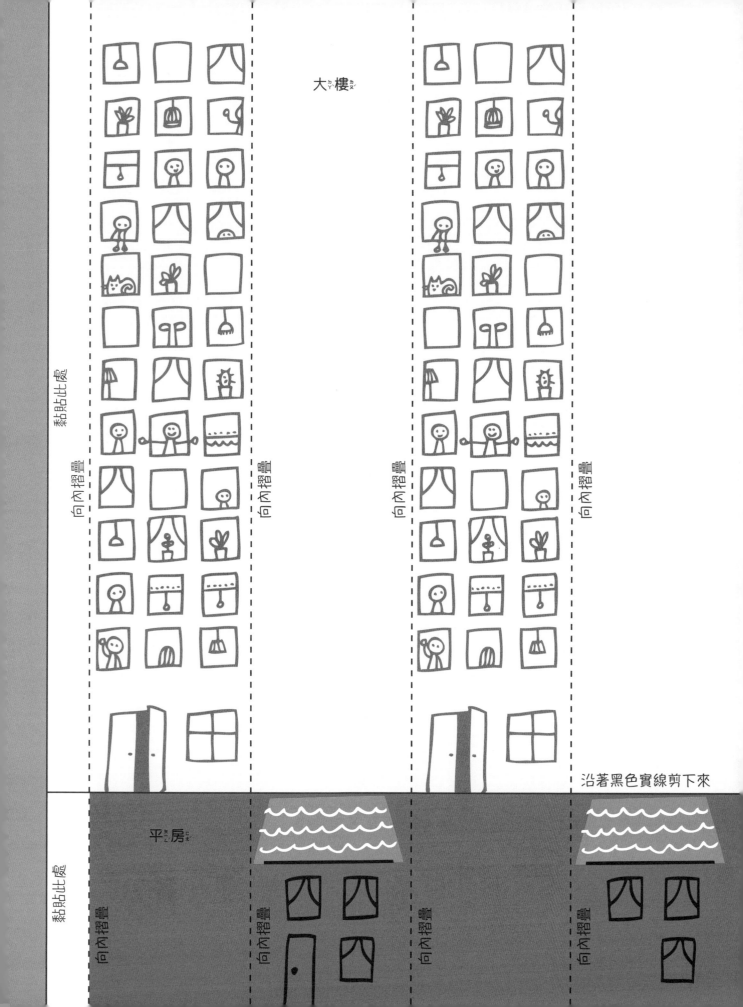

大樓

黏貼此處

向內摺疊 向內摺疊 向內摺疊 向內摺疊

沿著黑色實線剪下來

平房

黏貼此處

向內摺疊 向內摺疊 向內摺疊 向內摺疊

黏貼此處

黏貼此處

你可能會
發現：

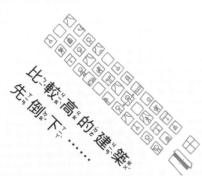

比較高的建築
先倒下……

比較矮的房子
保持站立。

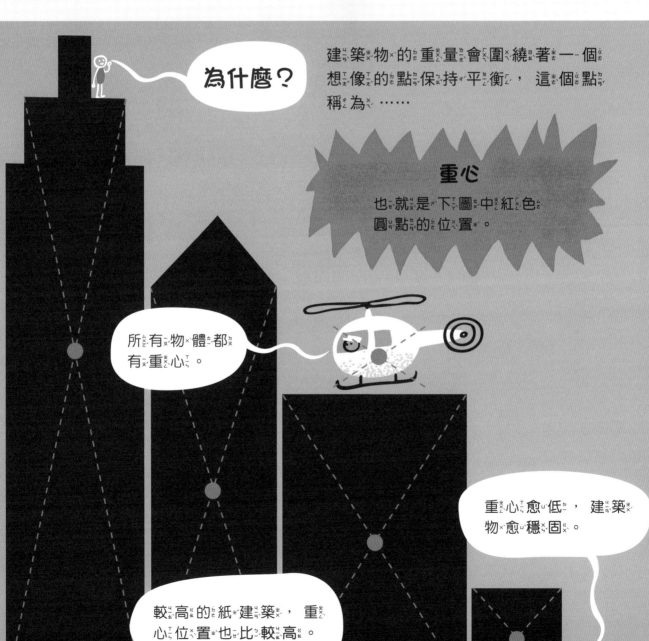

為什麼？

建築物的重量會圍繞著一個想像的點保持平衡，這個點稱為……

重心
也就是下圖中紅色圓點的位置。

所有物體都有重心。

重心愈低，建築物愈穩固。

較高的紙建築，重心位置也比較高。

改變重心

在建築物的上方
增加重量，可以
提高重心位置。

增加房子下半
部的重量……

或在地下建造沉
重的地基，能降
低重心。

讓重心往下移

你可以幫建築物畫上
一些設施，讓它的重
心位置降低嗎？

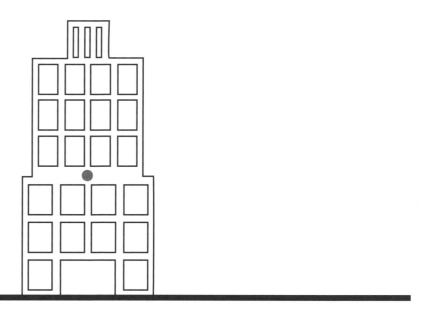

翻到第 79 頁，看看專業工程師
會採取哪些做法。

偉大的發明

利用下面的線索，為發明家和他們的發明配對。

史賓塞

物理學家，他注意到自己在研究的雷達，把口袋的巧克力融化了。

霍普

他是電腦科學家，也是美國海軍少將。

貝爾德

研究如何利用無線電波和電話線，傳送圖像和聲音。

克沃勒克

研發堅韌物質的化學家。

安德森

發明家，他注意到下雨和下雪時，汽車和電車駕駛很難看清楚路況。

克維拉纖維

很輕但非常堅固的物質，常用於防彈背心、自行車輪或是網球拍。

電視

可以傳送聲音和動態影像的機器。

微波爐

利用輻射加熱食物的機器。

雨刷

讓車輛擋風玻璃變乾淨的裝置。

程式語言 FLOW-MATIC

第一套根據人類語言（英語）而非數學發展出來的電腦語言。

1110100111
000101110
101110101

If equal go to Operation 5; Otherwise go to Operation 2.

答案請翻到第 80 頁。

機器人電路圖

為了安排電力在機器和建築物裡輸送的方式，
電機工程師會畫簡單的電路圖。

電路的開始和結束都是電源，例如電池。

電從電池的一端，沿著電線，運送到另一端。

電路上的裝置稱為元件或組件，像是燈泡或喇叭，下面是電路圖會用到的標準符號。

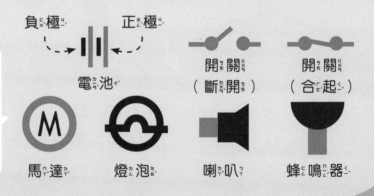

負極　　　正極

電池

開關
（斷開）

開關
（合起）

馬達

燈泡

喇叭

蜂鳴器

這是簡單的電路圖，扳動開關就能把燈打開或關掉。

在這個電路裡，按下第一個開關，門鈴裡的蜂鳴器會叫。

電路完整接通時，電才會流動。換句話說，這時候開關是閉合的。

電池

開關

燈泡

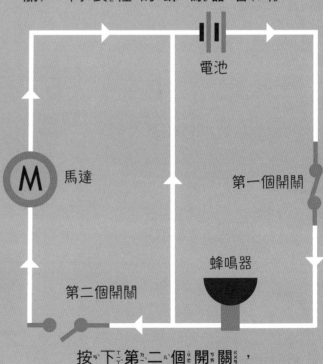

電池

馬達

第一個開關

蜂鳴器

第二個開關

按下第二個開關，馬達會把門打開。

這個電動機器人需要一些元件才能開始做事，圖上已經有一個元件了，你可以為機器人加上其他元件，畫出完整的電路圖嗎？別忘了把元件的功能寫出來。

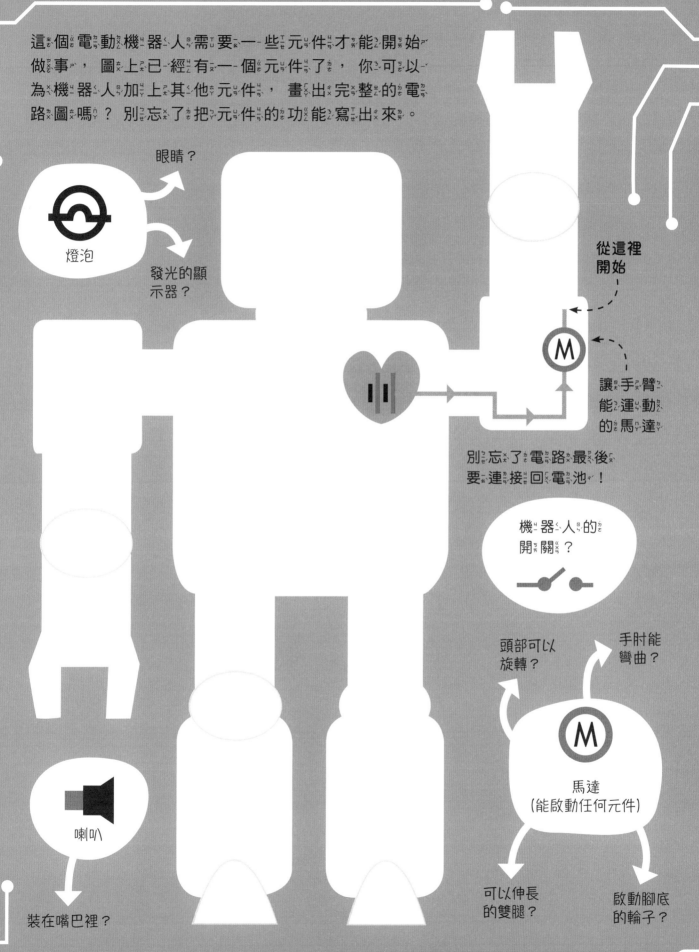

眼睛？

燈泡

發光的顯示器？

從這裡開始

讓手臂能運動的馬達

別忘了電路最後要連接回電池！

機器人的開關？

頭部可以旋轉？

手肘能彎曲？

馬達
（能啟動任何元件）

喇叭

可以伸長的雙腿？

啟動腳底的輪子？

裝在嘴巴裡？

高高飛上天

動手用紙張製作飛機和直升機，嘗試當一名航太工程師。
（直升機的製作方式請翻到第 69 頁。）

紙飛機

把右頁的樣板影印下來，
或從 ys.ylib.com/activity/
STEAM/ENG/ 下載。

把紙張對摺。

打開紙張，把兩個角
對齊中線往下摺。

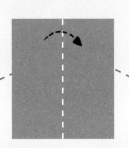

把剛才摺疊的角再次往內摺。

把整張紙對摺，剛剛摺的部分保持在內側。

沿著橘色虛線，把其中一邊往下摺，做出機翼。

另一邊也往下摺，做出另一個機翼。

機翼展開，然後把紙飛機射出去！

你觀察到什麼現象呢？多試幾次，然後把你的發現寫在這裡。

飛行紀錄：

紙飛機停留在空中的時間有多長？

它飛了多遠的距離？

它飛得很直或歪歪的？

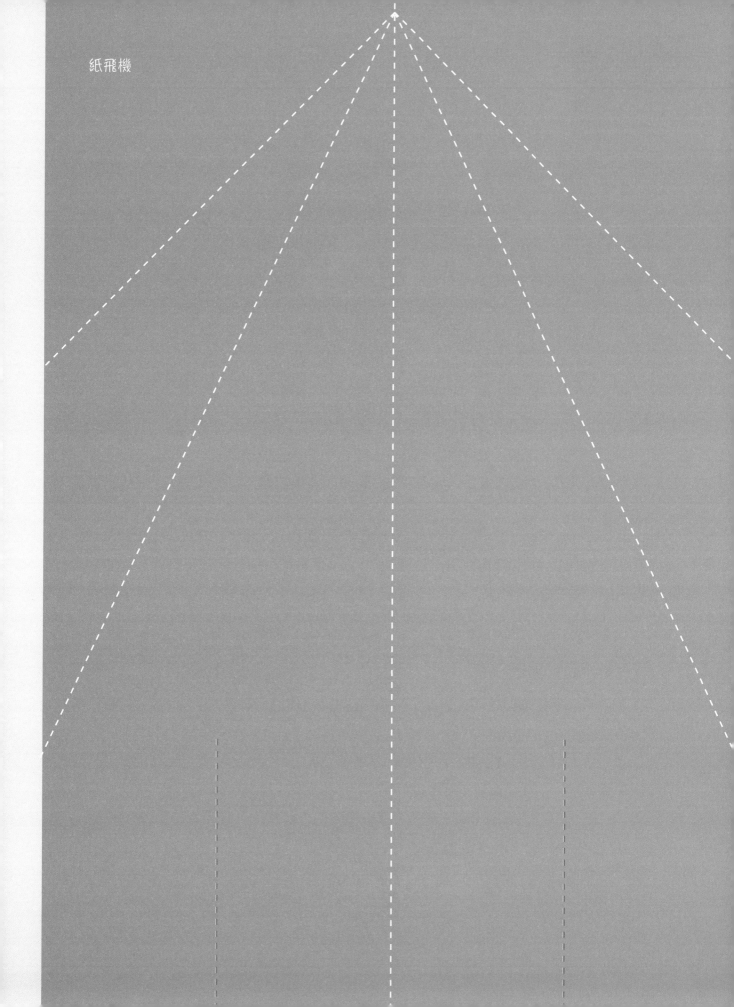

紙飛機

紙飛機

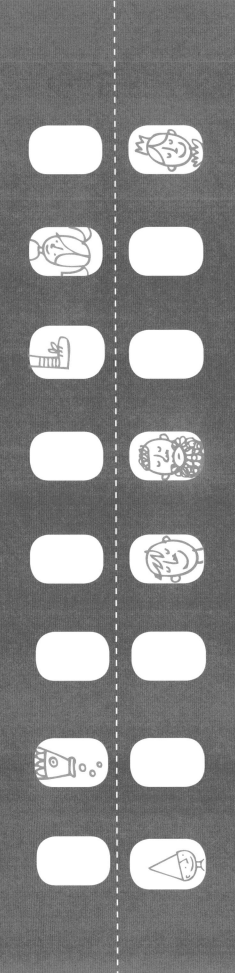

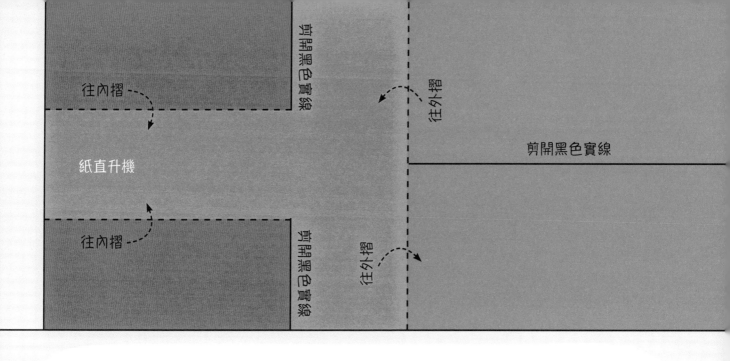

往內摺

往外摺

剪開黑色實線

紙直升機

往內摺

往外摺

紙直升機

把上面的樣板影印下來，或從 ys.ylib. com/activity/STEAM/ENG/ 下載。

沿著黑色實線把樣板剪開。

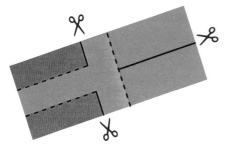

像下圖一樣，把紅色紙片往內摺，然後用一根迴紋針固定。

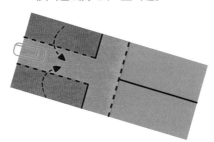

接著把藍色紙片往兩邊摺，做出直升機的旋翼。

踮起腳尖，放掉手中的直升機。

多試幾次，然後把你的發現寫在這裡。

飛行紀錄：

紙直升機停留在空中的時間有多長？

- - - - - - - - - - - - - - - - -

它會旋轉嗎？ 往哪個方向旋轉？

- - - - - - - - - - - - - - - - -

試著把旋翼摺往相反的方向，有什麼變化嗎？

- - - - - - - - - - - - - - - - -

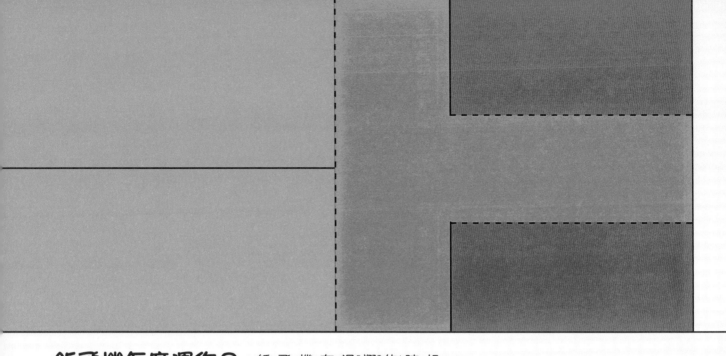

紙飛機怎麼運作？

紙飛機在滑翔的時候，空氣會流過機翼周圍，讓紙飛機保持飛行。

當紙飛機的速度慢下來，流經機翼的空氣會變少，飛機的高度也會下降。

空氣

紙飛機非常輕，所以一陣強風就可能讓它瞬間改變方向。

紙直升機怎麼運作？

當紙直升機往下掉，空氣會推擠旋翼。

空氣

兩個旋翼受到推擠的方向不一樣，讓直升機開始旋轉。

把旋翼往另一個方向摺，會讓直升機往相反的方向旋轉。

彎曲翼尖

這麼做會改變空氣流經機翼的方式。

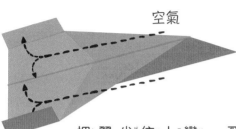

把翼尖往上彎，飛機前端會往上傾斜。

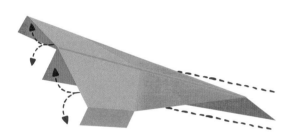

把翼尖往下彎，飛機前端會往下傾斜。

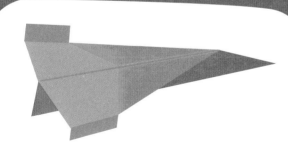

如果把一邊的翼尖往上彎，另一邊往下彎，會發生什麼事？

增加迴紋針

這樣會增加直升機的重量，讓空氣推擠旋翼的力量變大。

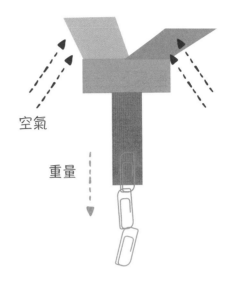

加上更多迴紋針，直升機的旋轉現象會不一樣嗎？

如果直升機變得太重，空氣的推力對旋翼來說會太強……

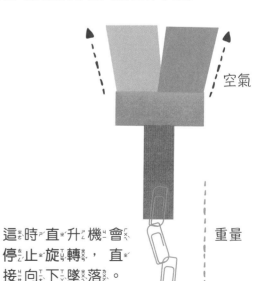

這時直升機會停止旋轉，直接向下墜落。

翻到第 80 頁，看看作者有什麼發現。

拼裝太空站

建造國際太空站（簡稱 ISS）是人類有史以來最具野心的工程計畫。ISS 跟一個美式足球場一樣大，重量超過一輛汽車的 450 倍。因為它太大了，無法一次送上太空，必須分批運上去，在軌道上進行組裝。

在 ISS 上面，你可以發現⋯⋯

太陽能板可以提供太空人電力。

下面的太空站並不完整，請你為它畫上其他的組件，或是自己設計一個太空站。

在繫繩的一頭畫出在太空漫步的太空人。

為太空站加上觀測地球的望遠鏡。

畫出要把補給品運送給太空人的太空船。

72

小型太空船把補給品運送到太空站的對接口（可增加組件的地方）。

加壓艙裡有溫暖空氣可供呼吸，是人類日常生活的區域。

巨大的機械手臂負責把貨物運送到太空站的各個地方。

增加幾座太空艙，可以是實驗室、臥室或有其他功能？

對接口

裝上一座有窗戶、讓人可以欣賞美景的太空艙如何？或是儲存貨物與食物的倉庫？

永續的設計

人類每年丟棄大約 20 億公噸的垃圾，對環境造成很大的麻煩。永續工程師的工作就是設計出盡量不產生垃圾的產品與包裝。

怎麼做？

使用可以回收的材料，比方說：

玻璃

鋁

可以回收再利用無數次。

可回收再利用五到七次，最後被生物分解。

紙

硬紙板

避免不容易回收的材料，比方說：

某些塑膠在回收過程中，會釋放有害的化學物質。

如果要回收以不同材料黏合的包裝，必須把每種材料分開。

保鮮膜

金屬箔　　　塑膠

設計可以重複使用的產品包裝零件，比方說……

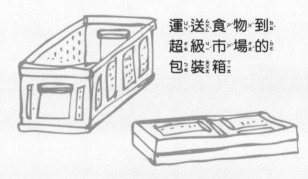

運送食物到超級市場的包裝箱

直接把它摺疊後送回倉庫，就可以重複利用。

有些東西得花點心思改造……

硬紙板衣架

把包裝襯衫的硬紙板剪開，變成……

紙袋

只能用一次就丟掉的塑膠對環境特別有害，　因為它們不容易回收，　也無法被生物分解。　塑膠如果落入森林或海洋，　會對動物造成傷害，　也讓環境受到化學汙染。

利用下面的表格，　寫下點子。　每樣塑膠產品可以怎麼重複利用，　或改用哪些可回收的東西？　參考表格裡的點子，　或是自己想一想！

產品	如何重複利用……	改用其他材質……
寶特瓶	花盆？	玻璃杯？ 鋁瓶？
塑膠袋	鞋子的 防水套？	生物可分解的 紙袋？
吸管	編織成 籃子？	可以吃掉的 吸管？

解答

14～16 倒塌的柱子

你可能會發現圓柱最堅固。

圓柱沒有角，所以施加在上面的重量會平均分散。這就是為什麼支撐建築物的柱子大多是圓柱。

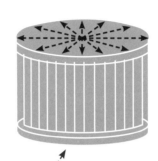  

施加在三角柱和方柱的重量會集中在角落，讓這些地方變成弱點，柱子比較容易倒塌。

17 機器裡的齒輪

第一個齒輪要順時針轉動。

18～19 噢，真是輕鬆！

滑輪

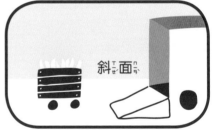

斜面

楔

選手跳起 選手落地

槓桿

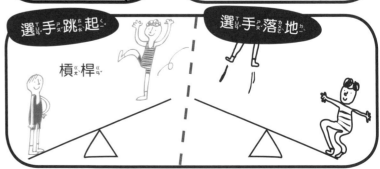

22～24 建造橋樑

你可能會發現第 **3** 座橋能支撐最多硬幣或積木，然後是第 **2** 座橋，最後一名則是第 **1** 座橋。

當你把物品放在模型上，有股力會往下推。

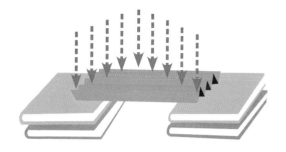

當紙張是平坦的，這股力會集中在某個區域，也就是說這個區域必須承擔所有的力。

如果把紙張摺起來，力可以分散到更大的區域。摺疊的次數愈多，紙橋愈堅固。

25 水從哪裡來？

群山環繞

伏流

峽谷

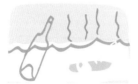
受到汙染的水

幫浦

隧道和水管

水路橋

自來水廠

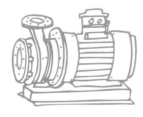

30～31 海底探測器　正確的程式：

32～33 甜點機器人

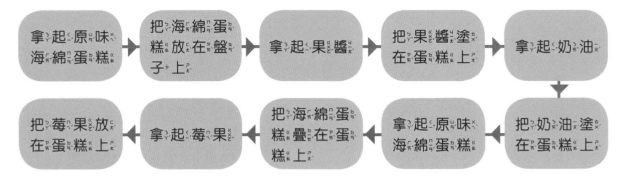

拿起原味海綿蛋糕 → 把海綿蛋糕放在盤子上 → 拿起果醬 → 把果醬塗在蛋糕上 → 拿起奶油

把莓果放在蛋糕上 ← 拿起莓果 ← 把海綿蛋糕疊在蛋糕上 ← 拿起原味海綿蛋糕 ← 把奶油塗在蛋糕上

38～39 臉孔辨識

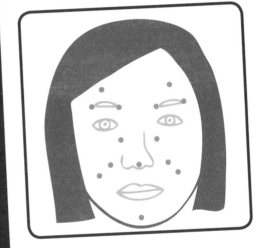

嫌犯 C 是強盜。

44～45 資訊快遞

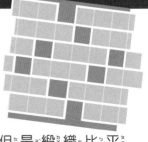

46～48 編織工藝

你應該會發現，平織比緞織強韌。

但是緞織比平織有彈性，更容易延伸。

這是因為平織中的經線和緯線交疊的點比較多，所以每張紙條能夠移動的空間比較小。

78

1. 在地下建造沉重的地基

建築物地基有兩種類型：深基礎與淺基礎。從下圖可看出它們的不同。

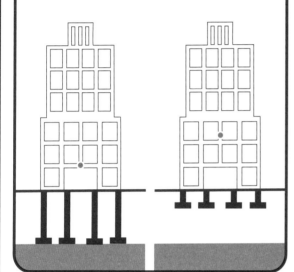

2. 增加房子下半部的重量

讓建築物的重量集中在靠近地面的位置，可以讓重心降低。比方說建造地下室，或是擴大低樓層的空間。

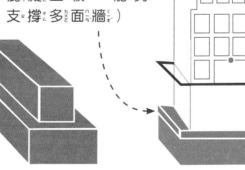

建築物地基小知識

淺基礎

深度可能只有一公尺。有好幾種類型。

獨立基腳（有底座的混凝土柱）

條形基腳（在地面與牆壁之間的混凝土樑）

筏式基礎（在建築物下方的大片混凝土板，能夠支撐多面牆）

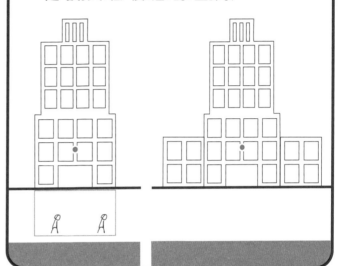

深基礎

會往下深入到岩層或堅硬的土壤，岩石可以支撐建築物的重量，防止建築物下沉。深基礎還能降低重心，讓建築物穩固。有些很高的建築物，地基甚至深達 65 公尺。

63 偉大的發明

克沃勒克：
克維拉纖維

史賓塞：
微波爐

霍普：
程式語言
FLOW-MATIC

貝爾德：
電視

安德森：
雨刷

66～71 高高飛上天

如果一邊翼尖往上，另一邊翼尖往下，空氣會把往下的翼尖向上推，並把往上的翼尖向下推，讓飛機飛得歪歪的，或是不停翻轉。

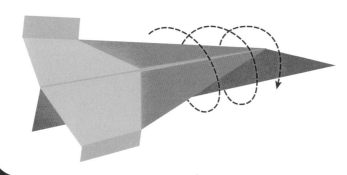

你應該會發現，直升機加上愈多迴紋針，會旋轉得愈快。

圖片來源：p.28 – Burdock seed pod, SEM © Dennis Kunkel Microscopy/Science Photo Library; SEM of a hooks and loops fastner © Dr Jeremy Burgess/ Science Photo Library; Shark skin SEM © Eye of Science/Science Photo Library; 3D printed shark skin © Miranda Waldron/Univercity of Cape Town

特別感謝蘇黎世聯邦理工學院的「輔助科技競技賽」（CYBATHLON）團隊同意我們在第 52 頁提及它的名稱

我的 STEAM 遊戲書：工程動手讀

作者／艾迪・雷諾茲（Eddie Reynolds）、達倫・斯托巴特（Darren Stobbart）
譯者／江坤山
責任編輯／盧心潔　封面暨內頁設計／吳慧妮
出版六部總編輯／陳雅茜
發行人／王榮文
出版發行／遠流出版事業股份有限公司
地址／臺北市中山北路一段 11 號 13 樓
郵撥／0189456-1　電話／02-2571-0297　傳真／02-2571-0197
遠流博識網／www.ylib.com　電子信箱／ylib@ylib.com
ISBN 978-957-32-8995-1
2021 年 6 月 1 日初版　定價・新臺幣 450 元
版權所有・翻印必究

ENGINEERING SCRIBBLE BOOK By Eddie Reynolds And Darren Stobbart
Copyright: ©2018 Usborne Publishing Ltd.
Traditional Chinese edition is published by arrangement with Usborne Publishing Ltd. through Bardon-Chinese Media Agency.
Traditional Chinese edition copyright: 2021 YUAN-LIOU PUBLISHING CO., LTD.
All rights reserved.

國家圖書館出版品預行編目（CIP）資料

我的 STEAM 遊戲書：工程動手讀／艾迪・雷諾茲（Eddie Reynolds），達倫・斯托巴特（Darren Stobbart）作；江坤山譯 . - 初版 . - 臺北市：遠流出版事業股份有限公司，2021.06　80 面；　公分　注音版
譯自：Engineering scribble book
ISBN 978-957-32-8995-1（精裝）
1. 科學實驗 2. 通俗作品　303.4　　　　110003063